Traudel Hartel

Buntpapiere selber machen

Die Deutsche Bibliothek –
CIP-Einheitsaufnahme

Buntpapiere selber machen: [mit Vorlagenbogen]/Traudel Hartel. Fotogr. von Václav Reischl. [Red. Ulla Minje]. – Ravensburg: Ravensburger Buchverl., 1998
(Ravensburger Hobby: Kreatives Gestalten)
ISBN 3-473-42577-X

Redaktion: Ulla Minje
Fotos: Václav Reischl
Umschlaggestaltung und Vorlagenbogen:
Ekkehard Drechsel BDG
Satz: DTP – QuarkXPress 3.31
Gesamtherstellung: Himmer, Augsburg
Printed in Germany

98 99 00 01 4 3 2 1

ISBN 3-473-42577-X

Traudel Hartel

Buntpapiere selber machen

Fotografiert von Václav Reischl

Ravensburger Buchverlag

Papier wird verwandelt, vom schlichten Alltagsmaterial zum faszinierenden Buntpapier, das vielfältige Verwendung findet.

Buntpapiere sind mit Farben und Mustern dekorierte Papiere, die eine lange Tradition haben. Sie zu gestalten ist eine sehr kreative Tätigkeit, bei der es vor allem auf Fantasie und Experimentierfreude ankommt. Es ist ein Spiel mit Farben, Formen und Mustern.

In diesem Buch möchte ich Ihnen neben den traditionellen Techniken auch neue Gestaltungsideen vermitteln. Im Mittelpunkt steht das freie, experimentelle Arbeiten mit Farben und Mustern auf Papier.

Den Einstieg in die Kunst der Buntpapierherstellung werde ich Ihnen mit einfachen Techniken erleichtern. Sie werden mit vielen Arbeitsfotos und verständlichen Anleitungen schrittweise zum Ziel geführt. Dabei sind Ihrer Fantasie keine Grenzen gesetzt.

Die Ergebnisse leben vor allem vom Reiz des Zufalls, kein Muster gleicht dem anderen, jedes Papier ist ein Unikat und Ausdruck der eigenen Kreativität.

Buntpapiere werden zum Ausgangsmaterial für das reizvolle Gestalten von Mappen, Grußkarten, Bucheinbänden, Leporellos, Heften, Fotoalben oder Verpackungen. Ich zeige Ihnen in diesem Buch einige interessante Anwendungsmöglichkeiten und beschreibe den Weg, wie Sie dahin gelangen.

Es werden keine besonderen handwerklichen oder künstlerischen Fähigkeiten vorausgesetzt, jeder kann Erfolg haben. Auch Kindern werden die kreativen Farbspiele viel Spaß machen.

Lassen Sie sich von der Vielfalt der Ideen anstecken. Der Reiz des unerwarteten Ergebnisses wird Sie faszinieren!

Ihre Traudel Hartel

2

3

4

5

1

1 Kamm-Marmor
2 Rollendruck
3 Kleisterpapier
4 Pfauenmarmor
5 Kleisterpapier

Kleine Buntpapier-Geschichte

„Wie man farb macht auf papier"

Mit Buntpapier bezeichnet man Papiere, die einseitig durch Drucken, Streichen, Tunken oder Bürsten eingefärbt sind.
Die älteste schriftliche Quelle zur Buntpapierherstellung ist das in der Stadtbibliothek in Nürnberg aufbewahrte Rezeptbüchlein aus dem Jahre 1470 „Wie man farb macht auf papier".
Buntpapiere wurden ursprünglich vor allem zum schmückenden Überziehen von Kästchen und Schatullen und zum Ausschlagen von Schubladen und Schränken und als Tapeten verwendet.
Große Bedeutung erlangte das Buntpapier ab 1600 durch seine Verwendung in der Buchkunst. Aus wirtschaftlichen Gründen wurden nach und nach die kostspieligen Einbände aus Leder oder Pergament durch das preiswertere Buntpapier abgelöst.
Um 1650 wurden die ersten Marmorpapiere in Deutschland bekannt, die wegen Ihrer Herkunft auch „Türkisch Papier" hießen. Diese sehr farbigen Buntpapiere fanden Verwendung vor allem als Vorsatzpapiere in Büchern.
In der Folgezeit wurde durch das Aufkommen von neuen Techniken die Buntpapiervielfalt immer größer.
Es entstand das Bronzefirnispapier, das Brokatpapier, das Kattunpapier und das Kleisterpapier. Ganz besonders sei hier das Herrnhuter Kleisterpapier erwähnt, dessen Blütezeit im 18. Jahrhundert lag.
Die industrielle Buntpapierherstellung begann mit der Gründung von Buntpapierfabriken im späten 18. Jahrhundert.
Im 19. Jahrhundert wurde die manuelle Fertigung von Buntpapier weitgehend durch maschinelle Verfahren abgelöst.
Heute sind industriell gefertigte Buntpapiere aus dem Alltag nicht mehr wegzudenken.
Die etwas in Vergessenheit geratene handwerkliche Buntpapierherstellung erfreut sich zunehmender Beliebtheit. Ein altes Handwerk wird neu entdeckt.

Der Brieffmaler

Ein Brieffmaler bin aber ich/
Mit dem Penſel ſo nehr ich mich/
Anſtreich die Bildwerck ſo da ſtehnd/
Auff Papier oder Pergament/
Mit farben/und verhöchs mit Gold/
Den Patronen bin ich nicht hold/
Darmit man ſchlechte arbeit macht/
Darvon auch gringen lohn empfacht.

„Der Briefmaler". Kupferstich von Hans Sachs. Aus: „Eygentliche Beschreibung aller Stände auf Erden", 1568

Kleisterpapiere

Kleisterpapiere sind einfach in der Herstellung und groß in der Wirkung.

Kleisterpapiere zählen zu den beliebtesten Buntpapieren. Sie haben eine lange Tradition mit einer Blütezeit im 18. Jahrhundert. Berühmt und bei Sammlern hoch begehrt sind die Herrnhuter Kleisterpapiere aus dieser Zeit.

Das Gestaltungsprinzip von Kleisterpapieren besteht darin, gefärbten Kleister auf einen Papierbogen zu streichen und in die so entstandene dicke Farbschicht mit unterschiedlichen Werkzeugen Muster einzuschaben oder einzudrücken. Dabei wird die Farbe verdrängt und an diesen Stellen der Papieruntergrund sichtbar. Es entsteht ein helles Abbild des Musters.

Faszinierende Kleisterpapiere können Sie erzeugen, wenn Sie auf einem Papierbogen unterschiedliche Muster mit verschiedenfarbigem Kleister kombinieren.

Die Technik ist unkompliziert, die Gestaltung sehr kreativ und das Ergebnis äußerst effektvoll.

Material und Werkzeug

Material

Sie benötigen weiße Papierbögen in Schreibmaschinenqualität im Format DIN A3 und DIN A4; Packpapier oder getönte Ingrespapiere, Tapetenkleister, wasserlösliche Farben, z. B. Holzbeize, Acryl- oder Dispersionsfarben, einen Rührbesen, einen breiten Pinsel, Streifen aus fester Pappe, Gläser zum Mischen der Farben, Zeitungen als Saugunterlage.

Kleister

Einen wichtigen Anteil am Gelingen der Arbeit hat der Kleister. Sie können Kleister aus Kartoffel- oder Weizenstärke selbst ansetzen oder Tapetenkleister benutzen, der sich durchaus gut eignet und weniger Aufwand verursacht.
Rühren Sie den Tapetenkleister dickflüssig an und lassen Sie ihn einen Tag stehen, damit er nachquellen kann.

Farben

Nachdem der Kleister gebrauchsfertig ist, wird er eingefärbt. Dafür eignen sich alle wasserlöslichen Farben. Je mehr Farbe Sie dem Kleister zusetzen, desto intensiver wird später der Farbauftrag auf dem Papier. Gut eignen sich Acrylfarben und bunte Holzbeizen, die farbintensiv und wasserfest auftrocknen.
Hinweis: Erst mit kleinen Mengen experimentieren.
Kleister einfärben ist eine gute Gelegenheit, um Restfarben zu verbrauchen.

Werkzeuge

Einen breiten Borstenpinsel zum Auftragen des Farbkleisters.
Werkzeuge für die Musterung wie Kämme und Spachtel können Sie aus fester Pappe selbst anfertigen.
Daneben kommen noch andere Hilfsmittel wie Stäbchen, Stempel, Schwämme und Rollen zum Einsatz.

Muster – und wie sie entstehen

WERKZEUGE
Die für Kleisterpapier charakteristischen Muster entstehen dadurch, dass mit einem Kamm über den farbigen Grund gestrichen wird. Diese so genannten Ziehkämme können Sie leicht selbst herstellen, indem Sie in einen festen Karton v-förmige Zacken einschneiden. Praktisch ist es, mehrere Modelle anzufertigen.

FARBKLEISTER
Tapetenkleister in mehrere Gläser verteilen. Flüssige Farbe zugeben und gut miteinander verrühren. Hier sei erwähnt, dass Kleister und Farbe auch getrennt auf das Papier aufgetragen werden können. Einfacher ist es, Farbkleister zu benutzen. Dieser muss dickflüssig sein, damit ein Verschwimmen der Muster vermieden wird.

EINFACH GESTRICHENES KLEISTERPAPIER
Diese Methode ist denkbar einfach. Legen Sie einen Bogen Papier auf eine etwas größere, glatte Unterlage. Tragen Sie den Farbkleister mit einem dicken, weichen Pinsel gleichmäßig auf. Die sichtbar werdenden Pinselspuren sind schon das fertige Muster.

STREIFENMUSTER
Tragen Sie mit einem breiten Pinsel zwei farblich unterschiedliche Farbkleister auf. Mit einem ca. 1,5 cm breiten Pappstreifen ziehen Sie Linien senkrecht und waagerecht über das Papier, damit verdrängen Sie die Farbe und ein helles Streifenmuster wird sichtbar.

KAMM-MUSTER
Farbkleister auf das Papier auftragen. Mit einem Ziehkamm schwungvoll Wellenlinien ziehen. Hierbei ergeben sich Muster mit interessanten optischen Effekten. Muster gelingen am besten, solange die Farbe noch feucht ist. Überschüssige Farbe am Kamm muss gelegentlich entfernt werden.

FÄCHERMUSTER
Einen 3–4 cm breiten Pappstreifen schneiden. Papier mit Farbkleister bestreichen. Den Pappstreifen waagerecht auf das Papier setzen und schwungvoll eine Halbdrehung machen. Schnell und zügig arbeiten. Das Papier zum Trocknen flach auslegen. Zum besseren Verarbeiten nach dem Trocknen auf der Rückseite glatt bügeln.

WOLKENMUSTER
Papier mit Kleisterfarbe ein- oder mehrfarbig bestreichen. Dies kann mit einem breiten Pinsel oder einem Schwamm gemacht werden. In noch feuchtem Zustand das Papier mit den Farbseiten nach innen zusammenklappen.

Das Papier leicht zusammenpressen und anschließend voneinander abziehen.
Es entsteht eine wolkenartige Maserung der Farbe. Bei dünnflüssigem Farbkleister entstehen größere Farbschlieren, bei dickflüssigen Farben kleinere.

HOLZMASERUNG
Die Imitation von Holzmaserung ist mit Kleisterfarben verblüffend echt zu erreichen.
Papier mit Kleisterfarbe einfarbig bestreichen. Mit einem speziellen Gummikamm, einem Maserboy, auf der noch feuchten Farbe die Maserung ziehen.

Foto rechte Seite: Sammelmappe mit Wolkenmuster (Anleitung siehe Seite 18 und Vorlagenbogen).

Gestaltungsmöglichkeiten für Kuverts

Eine ganz persönliche Note vermitteln Kuverts und Briefumschläge aus selbst hergestellten Buntpapieren. Ein Brief in einem solchen Umschlag kommt beim Empfänger besonders gut an.

Material. Sie benötigen je einen Bogen Kleister- und Seidenpapier, Klebestift und Schere.

Anleitung. Schneiden Sie am besten aus Karton die Schablone für das Kuvert zu (siehe Vorlagenbogen). Diese Schablone legen Sie nun auf einen besonders reizvollen Ausschnitt des Kleisterpapiers, markieren mit Bleistift den Umriss und schneiden das Papier entsprechend aus. Das Futter aus Seidenpapier wird etwas kleiner als die Schablone zugeschnitten und auf die Rückseite des Buntpapierzuschnitts aufgeklebt. Nun falten Sie das Kuvert wie angegeben und kleben die Seitenteile fest. Benötigt wird noch ein Aufkleber für die Anschrift. Aus den Buntpapierresten können Sie passend zum Kuvert interessante Grußkarten herstellen, indem Sie einfache Briefkarten mit Buntpapierausschnitten bekleben. Kleinere Reste finden Verwendung als Geschenkanhänger oder Visitenkarten.

Mit Buntpapier lassen sich ohne großen Aufwand viele Dinge verschönern. So können Sie z. B. gekauften Sammelmappen, Aktenordnern und einfachen Chinakladden durch Beziehen mit Ihren selbst gestalteten Papieren ein neues Aussehen verleihen. Die genaue Anleitung dazu finden Sie auf Seite 18 und 19.

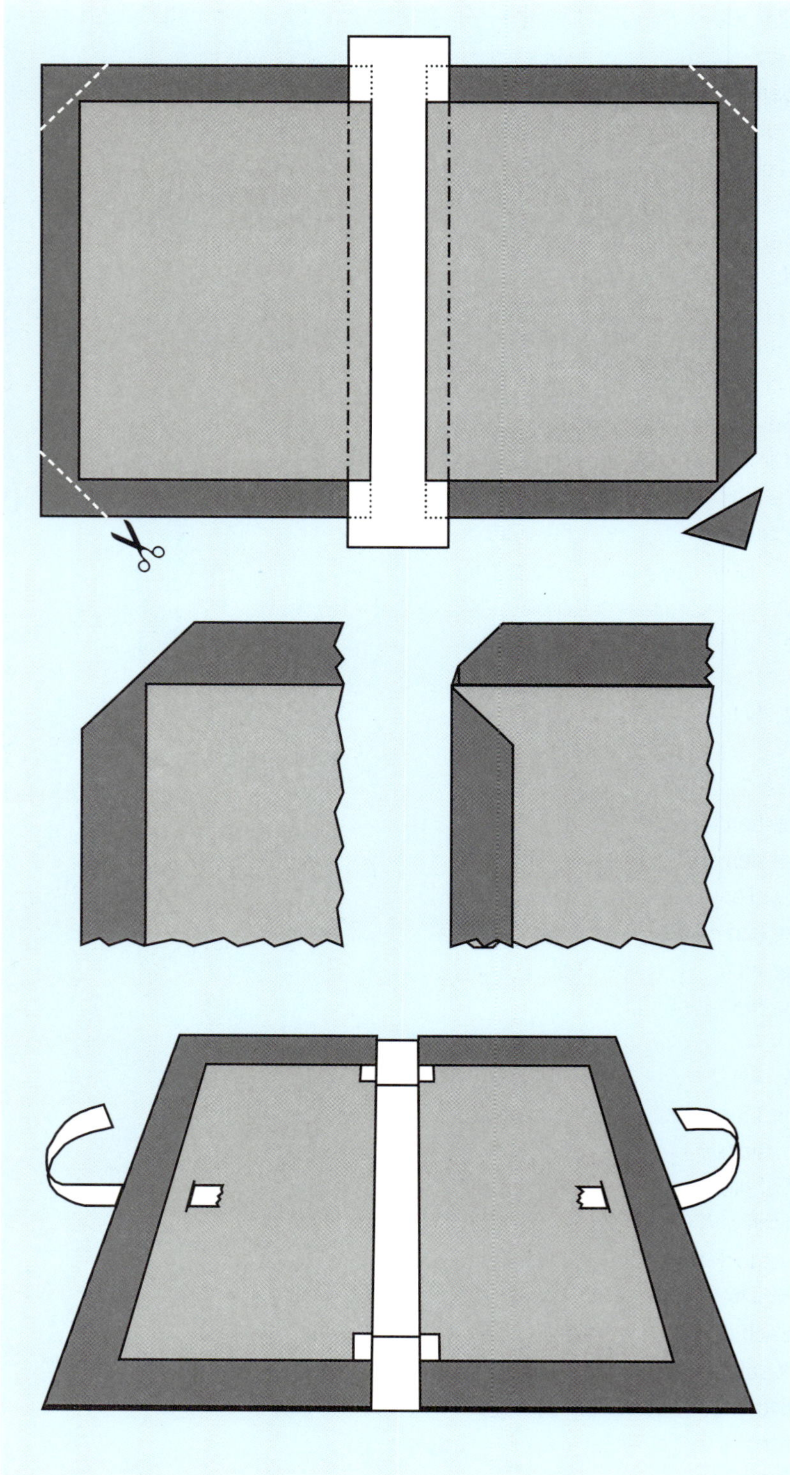

Gestaltungsmöglichkeiten für Mappen

Material. Zwei Graupappen, 1,5 oder 2 mm Stärke, zwei Buntpapiere, zwei Tonpapiere, Gewebeband, Baumwollband, Leim und Pinsel, Cutter und Unterlage, Lineal und Stift, Falzbein.

Anleitung. Eine Mappe ist eigentlich nur ein gefalteter Karton zum Sammeln und Aufbewahren von verschiedenen Dingen, wie z. B. Briefen, Bildern und Unterlagen. Aus dieser ebenso einfachen wie praktischen Lösung kann man allerdings mehr machen – wie die gezeigten Beispiele beweisen.

1. Die beiden Pappen werden, wie auf der nebenstehenden Zeichnung und auf dem Vorlagenbogen gezeigt, auf der Außenseite mit dem Gewebeband, das aufgeklebt wird, verbunden, wobei der Rücken mindestens 2 cm breit werden sollte.

Das oben und unten überstehende Gewebeband nach innen einschlagen und aufkleben.
Auf der Innenseite des Mappenrückens wird ein kürzerer Gewebestreifen mittig eingeklebt, sodass der Abstand zur Ober- und Unterkante der Mappe gleich groß ist. Mit dem Falzbein alle Klebeflächen sorgfältig andrücken.
Für den Bezug der Mappe schneiden Sie zwei Buntpapiere in der Größe der Mappendeckel zuzüglich 2 cm Zugabe an drei Seiten zu. Streichen Sie das Buntpapier auf der Rückseite mit Leim ein, legen Sie es auf die Graupappe und drücken Sie es mit einem weichen Tuch fest an.

2. Schneiden Sie die überstehenden Papierecken bis auf einen Abstand von 2–3 mm schräg ab. Das überstehende Papier schlagen Sie zuerst an den schmalen Seiten und dann an der Längsseite nach innen um und kleben es an. Der kleine Papierüberstand muss vorher an den Ecken eingedrückt werden.

3. Als Verschluss der Mappe bringen Sie zwei Leinenbänder zum Zubinden an.
Auf die Innenseiten der Mappe wird noch farblich passendes Tonpapier aufgeklebt. Achten Sie dabei auf gleiche Abstände zu den Rändern. Nach dem Fertigstellen die Mappe in saugfähiges Papier einschlagen und mit Gewichten beschweren, damit sie sich beim Trocknen nicht verzieht.

Marmorieren

Marmorpapiere zählen zu den schönsten und anspruchsvollsten Buntpapieren.

Marmorieren ist eine alte Kunst, die im 17. Jahrhundert aus dem Orient nach Westeuropa gelangte. Ursprünglich eine komplizierte, geheimnisumwobene Technik, die nur von wenigen Spezialisten, den so genannten Buntpapierern beherrscht wurde, ist Marmorieren heute eine künstlerische Betätigung, die sich zunehmender Beliebtheit erfreut. Die Vorgehensweise beim Marmorieren ist unkompliziert. Es werden Farbpunkte auf einen dickflüssigen Untergrund, den Marmoriergrund, aufgesetzt und mit verschiedenen Werkzeugen zu marmorähnlichen Mustern gezogen. Auf das so entstandene schwimmende Farbmuster wird Papier gelegt, welches die Farben und die Musterung aufnimmt.

Marmoriertes Vorsatzpapier aus einem alten Gebetbuch von 1690.

Material und Werkzeug

Material

Sie brauchen eine flache Schale als Marmoriergefäß, Marmoriergrund, Marmorierfarben, Rührbesen, Holzstäbchen und Kamm, Papiere, weiß und farbig, Schreibmaschinen- oder Ingrespapier, Zeitungen.

Farben

Im Fachhandel sind spezielle Marmorierfarben erhältlich, sowohl auf Öl- als auch auf Wasserbasis. Ich bevorzuge bei meinen Marmorierarbeiten Farben auf Wasserbasis, da diese feinere Musterungen ermöglichen.
(Siehe auch Seite 62/63, Tipps und Tricks.)

Marmoriergrund

Gut eignet sich als Marmoriergrund, auch Farbträger genannt, dickflüssig angerührter Tapetenkleister. Entscheidend für den Erfolg beim Marmorieren ist die Konsistenz des Farbträgers, er muss zähflüssig sein.
Im Handel erhältlich sind auch spezielle Marmorierpulver, die als Farbträger angerührt werden.

Werkzeuge zum Ziehen der Muster

Gut eignen sich Holzstäbchen, Gabeln oder ein Ziehkamm. Dieser lässt sich einfach anfertigen, indem man Stecknadeln im Abstand von 0,5 – 2 cm in einen Styroporblock steckt.

Marmorieren – Schritt für Schritt

Oben links:
1. Den fertigen Marmoriergrund (Kleister) in eine flache Schale füllen, mindestens 3–5 cm hoch. Die Marmorierfarben vor Gebrauch gut schütteln und auf den Kleister auftropfen.

Oben rechts:
2. Die Farbpunkte mit einem Holzstäbchen erst waagerecht und dann senkrecht zu einem Muster ziehen. Achten Sie beim Grundmuster darauf, immer von Kante zu Kante zu ziehen.

Unten links:
3. Das Grundmuster können Sie mit einem Kamm noch weiter verändern. Kamm-Marmor lässt sich dann erneut mit dem Stäbchen zu klassischen Mustern ziehen. Ihrer Fantasie sind dabei keine Grenzen gesetzt.

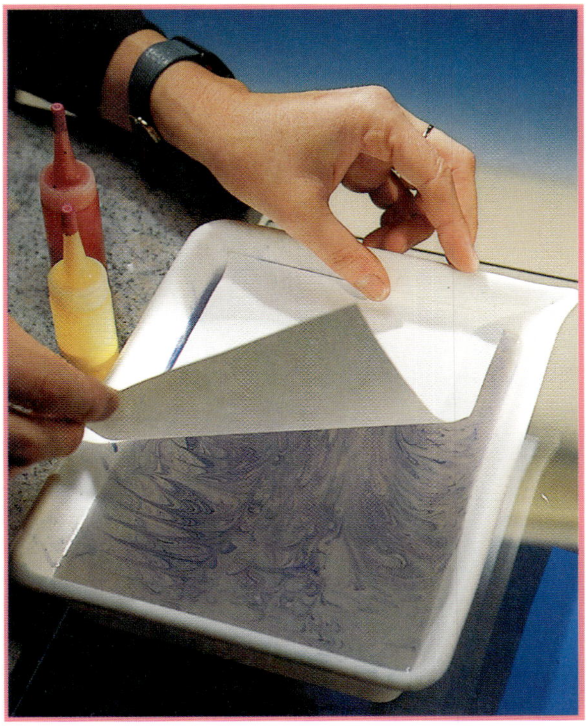

Oben links:
4. Wenn Ihnen Muster und Farbverlauf gefallen, dann können Sie mit dem Abziehen beginnen. Das Papier behutsam, möglichst flach über die ganze Fläche auflegen. Dabei müssen Luftblasen vermieden werden.

Oben rechts:
5. Sobald das Muster auf der Rückseite des Papierbogens sichtbar wird, nehmen Sie das Papier mit den Händen auf und ziehen es über den Schalenrand ab, so wird der Kleister abgestreift.

Unten links:
6. Nun waschen Sie das Papier unter fließendem Wasser ab und legen es zum Trocknen flach aus. Nach dem Trocknen glätten Sie das Papier noch durch Bügeln auf der Rückseite.

Muster – und wie sie entstehen

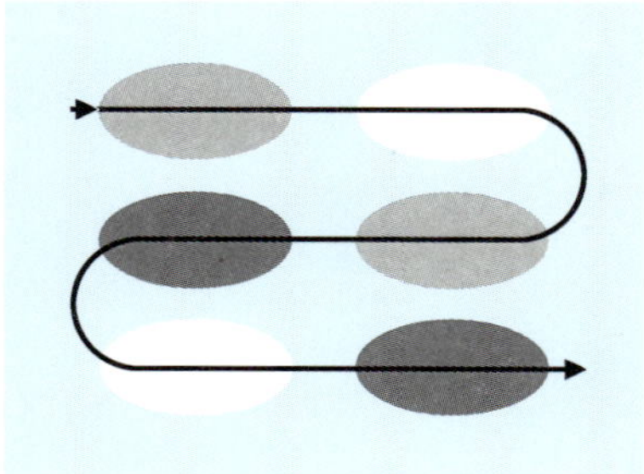

Eine Farbe punktartig auf den Marmoriergrund aufsetzen. Mit einem Stäbchen waagerecht hin und her ein so genanntes Grundmuster ziehen.

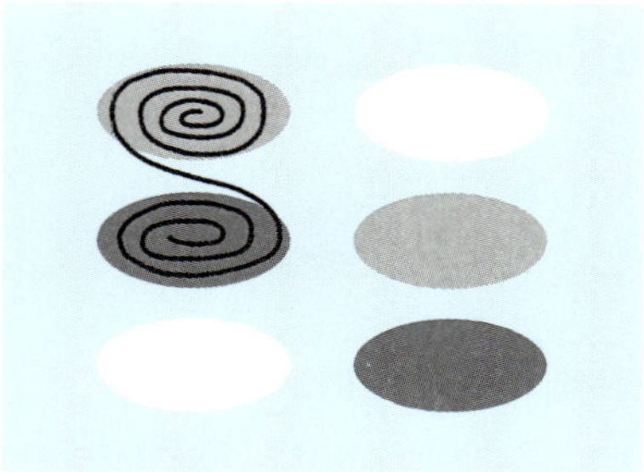

Verschiedene Farben punktartig auftropfen. Mit einem Stäbchen spiralförmig Kreise ziehen. Gute Ergebnisse erzielen Sie, wenn Sie mit einem sehr spitzen Holzstäbchen arbeiten und dabei die Spitze nur ganz leicht in die Farboberfläche einsetzen.

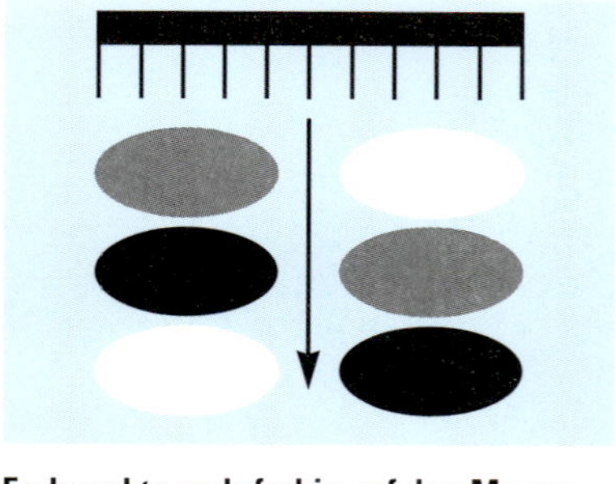

Farbpunkte mehrfarbig auf den Marmoriergrund aufsetzen, zuerst ein Grundmuster mit dem Stäbchen ziehen, anschließend mit dem Kamm waagerecht oder senkrecht über das Muster ziehen.

Material. Graupappe, 2 mm dick, Buntpapier, Tonpapier, Weißleim und Pinsel, Cutter, Schere und eine Schablonenvorlage, diese können Sie dem Vorlagenbogen entnehmen.

Anleitung. Die Vorlage zuerst auf Graupappe aufzeichnen und ausschneiden. Die vorgezeichneten Falzlinien auf dem Schachtelunterteil und dem Deckel mit einem scharfen Messer oder Cutter vorsichtig einritzen, nicht durchschneiden.
Die Innenseiten der Schachtel mit Tonpapier bekleben. Nach dem Trocknen die vier Ränder nach oben biegen und die Ecken mit Klebeband fixieren.
Nun das Buntpapier zum Beziehen des Kartons nach dem Schnittmuster

Verpackungen gestalten

Selbst gestaltete Etuis sehen nicht nur reizvoll aus, sondern eignen sich auch hervorragend als Verpackung für kleine Geschenke.
Aufwendiger gestaltete, größere Schachteln sind selbst schon Geschenk und lassen sich zum Aufbewahren von diversen Dingen verwenden.
Als Material für Etuis und kleine Schachteln benötigen Sie marmorierten oder bedruckten Fotokarton, den Sie nach dem Vorlagenbogen zuschneiden, falten und kleben. Schachteln gibt es als Fertigbausätze im Handel zu kaufen. Sie selbst anzufertigen ist natürlich etwas aufwendig, dafür aber auch originell.

ausschneiden und auf der Rückseite mit Leim einstreichen unter Verwendung eines breiten Borstenpinsels. Die Schachtel zuerst auf das vorgezeichnete Rechteck, den Boden, aufsetzen, dann die Längsseitenteile hochziehen und ankleben. Die überstehenden Ränder an den Querseiten andrücken (siehe Zeichnung). Zum Schluss die beiden Querseiten hochziehen und ankleben. Das am oberen Rand überstehende Buntpapier an allen vier Ecken knapp einschneiden und ins Schachtelinnere umschlagen. Nun den Deckel in gleicher Weise arbeiten. Zum Trocknen die Schachtel schließen, damit sich die Form nicht verzieht.
Beachten Sie, dass der Leim einige Stunden zum Trocknen benötigt.

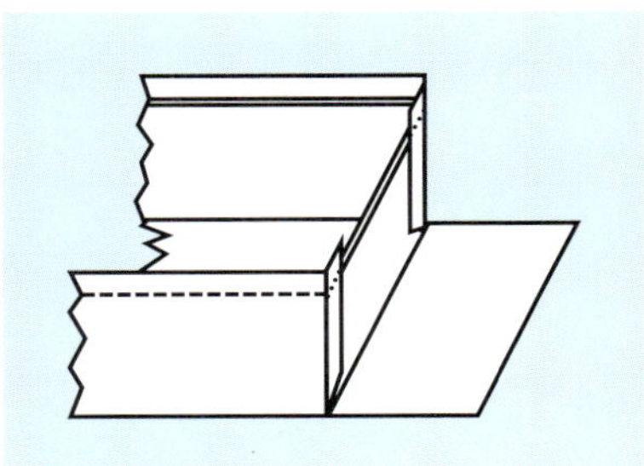

Leporellos

Das Leporello ist ein Faltbuch, dessen Seiten aus in Zickzack gefalztem Papier bestehen.
Verschönern lässt sich ein Leporello durch das Beziehen des Einbands mit originellem Buntpapier, z. B. marmoriertem Zeitungspapier.

Material. Zum Herstellen des Leporellos brauchen Sie Graupappe, Gewebeband und Marmorpapier für den Einband sowie einen breiten Streifen Fotokarton.

Anleitung. Schneiden Sie die Graupappe für den Einband in gewünschter Größe oder nach dem Vorlagenbogen zu. Die beiden Pappen mit dem Gewebeband verbinden, indem dieses so aufgeklebt wird, dass ein ausreichend breiter Rücken entsteht. Aus Gewebeband noch Schmuckecken laut Vorlage zuschneiden und aufkleben (siehe Seite 18).
Zum Beziehen des Einbands zwei Marmorpapiere zuschneiden in der Größe der Pappen plus 2 cm Zugabe an drei Seiten. Legen Sie den Zuschnitt auf die vorbereitete Graupappe, markieren Sie den Verlauf der Ecken und schneiden Sie das Buntpapier entsprechend zu.
Das Marmorpapier auf der Innenseite gleichmäßig mit Leim einstreichen und behutsam auf die Pappe legen und andrücken. Das überstehende Papier nach innen einschlagen und festkleben. Aus einem Streifen Fotokarton, der 1 cm schmaler sein muss als die Höhe des Einbands, falten Sie nun ziehharmonikaähnlich den Faltblock (siehe Zeichnung). Dieser wird auf der Innenseite des hinteren Buchdeckels festgeklebt. Die Innenseite des vorderen Buchdeckels mit einem Vorsatzpapier in der Farbe des Faltblocks bekleben.

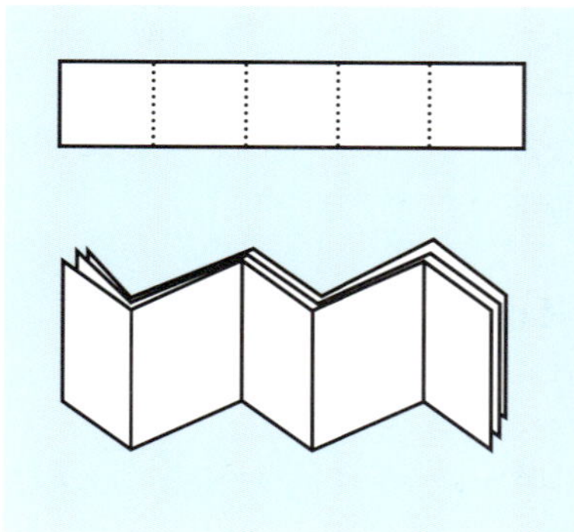

Bleistifte

Besonders dekorativ sehen marmorierte Bleistifte aus. Mit einer ganz einfachen Methode können Sie jeden gebrauchten oder neuen Stift verschönern.

Material. Bleistifte, Weißleim und Buntpapier.

Anleitung. Schneiden Sie aus Marmorpapier einen 3 cm breiten Streifen in der Länge Ihres Stiftes zu. Streichen Sie die Rückseite des Papiers gut mit Weißleim ein und wickeln Sie es eng anliegend um den Bleistift. Nochmals fest andrücken und den Stift einige Stunden trocknen lassen. Erst danach kann der Bleistift angespitzt werden, vorher würde sich das nasse Papier verschieben.

Silhouettenmarmor

Dies ist ein marmoriertes Papier, auf dem das Schattenbild bzw. die Umrisse von Schablonen, beispielsweise von Pflanzen, zu sehen sind.

Durch mehrmalige Färbegänge, bei denen jeweils unterschiedliche Farben verwendet werden, können Sie Papiere mit harmonischen Farbabstufungen und reichhaltigen Mustern herstellen.
Wichtig ist, dezente Farbpunkte aufzusetzen und nur großflächige Muster zu ziehen.
Weißes Papier wirkt sehr hart, deshalb wird empfohlen es vorher leicht mit einem Schwamm und Farbe einzufärben.

Warmes Wetter und ein Arbeitsplatz im Freien erleichtern die Arbeit.
Die Herstellung von Silhouettenpapier ist etwas aufwendig und erfordert viel Geduld, da das Papier und die Schablonen nach jedem Färbegang trocknen müssen. Sie werden aber belohnt durch zauberhafte Ergebnisse.

Technik – Schritt für Schritt

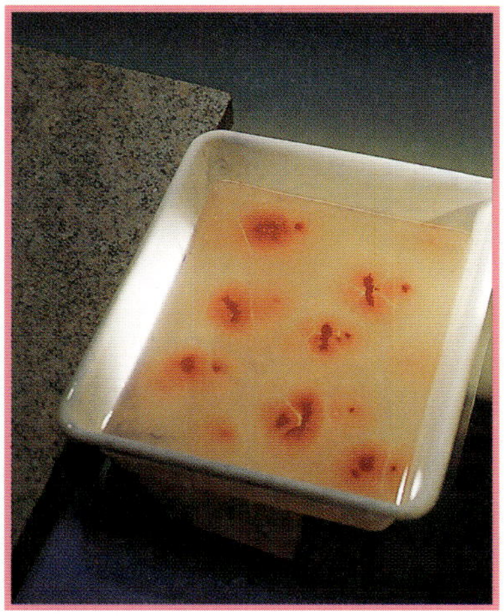

1. Marmoriergrund in eine flache Schale füllen und Farbpunkte auftropfen.

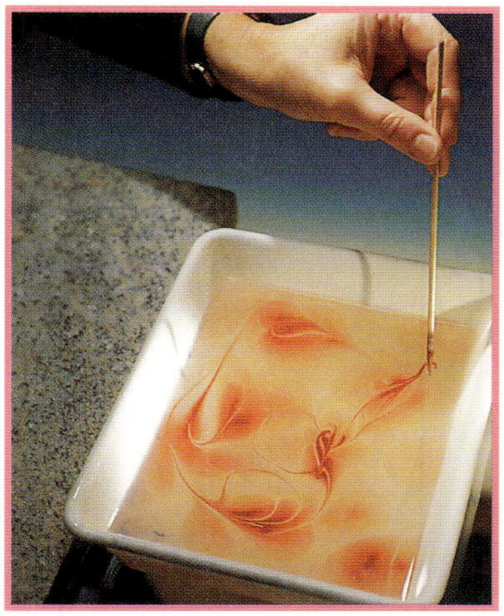

2. Mit einem Holzstäbchen die Farbpunkte in verschiedene Richtungen ziehen, sodass ein großflächiges Muster entsteht.

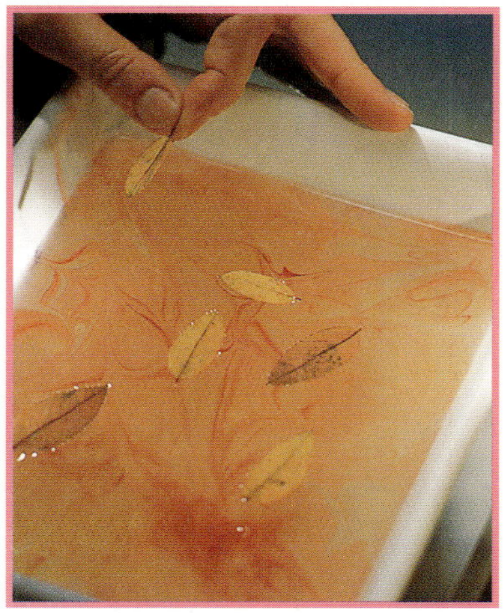

3. Getrocknete und gepresste Blätter auf den Farbteppich legen, ersatzweise können Sie auch Schablonen aus Fotokarton verwenden.

4. Einen Bogen leicht getöntes Papier vorsichtig auf die Oberfläche legen, dabei Luftblasen vermeiden.

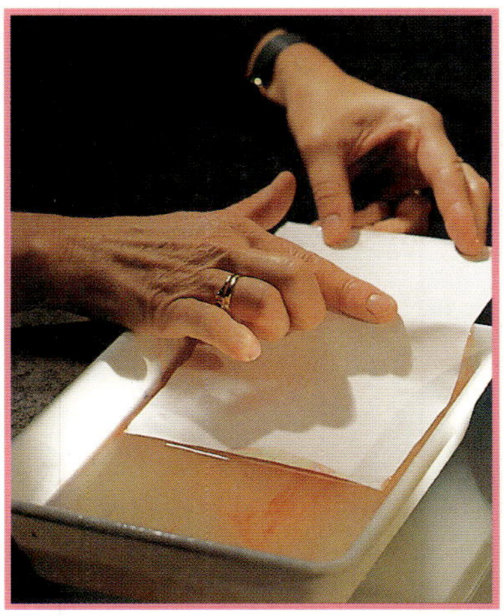

5. Wie auch auf Seite 22 beschrieben, das Papier wieder aufnehmen und über den Schalenrand abziehen.

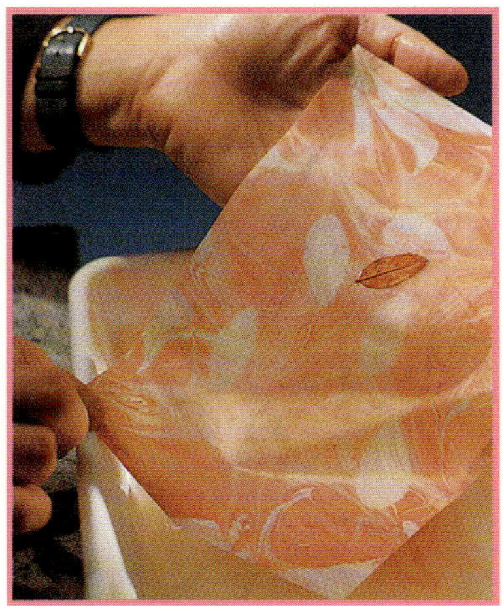

6. Die Silhouetten der Blätter sind auf dem Papier sichtbar geworden. Besonders reizvolle Strukturen erhalten Sie, wenn Sie den Vorgang ein- bis zweimal wiederholen.

Leporello

Auffallend schöne Papiere verdienen eine ganz besondere Gestaltung. Das hier gezeigte Leporello kann vielseitig Verwendung finden als Bilderbuch, Tischparavent oder sogar als Lampenschirm.

Material. Sie benötigen Graupappe für die Leporellodeckel (siehe Vorlagenbogen), Pinsel und Leim, marmoriertes Ingrespapier für den Faltblock und Schmuckpapier für den Einband.

Anleitung. Die beiden Graupappen mit Schmuckpapier beziehen. Achten Sie darauf, dass in diesem Fall die vier Ecken des Bezugpapiers abgeschnitten werden müssen.
Den Leporelloblock aus einem gut gelungenen Bogen Buntpapier im Zickzack falten. Auf die Innenseiten der Leporellodeckel kleben Sie jeweils die äußere Faltung des Leporelloblocks.

Grußkarten

Silhouettenpapiere mit Blätter- und Gräsermotiven eignen sich besonders gut für Grußkarten.
Diese Papiere sind für mich die reinste Fundgrube, auf jedem kleinen Abschnitt lässt sich etwas entdecken und weiterverarbeiten.
Die kreativen Gestaltungsmöglichkeiten ergeben sich durch die Verwendung von Negativschablonen, mit deren Hilfe das Buntpapier noch zusätzlich bedruckt wird. Zur Anfertigung der Schablone zeichnen Sie das Motiv auf eine stabile Folie auf und schneiden es aus. Mit Farbe und Stupfpinsel tupfen Sie nun das Motiv an die gewünschte Stelle auf Ihrem Buntpapier. Im abgebildeten Beispiel habe ich die Schablone eines Gingkoblattes verwendet.

Material. Fotokarton oder Tonpapiere in verschiedenen Farben, Lineal und Cutter, Klebestift und weiße Karteneinlage.

Anleitung. Schneiden Sie Briefkarten in der Größe 15 x 20 cm zu und falten Sie diese in der Mitte, so erhalten Sie eine Doppelkarte. Wählen Sie aus Ihrem Silhouettenpapier besonders reizvolle Ausschnitte aus, schneiden Sie diese zu und kleben Sie sie auf die Karten. Abschließend noch weiße Schreibeinlagen in die Karten legen.

Handgeschöpftes Papier, mit Schablonen von Gingkoblättern zweimal gefärbt.

Mit den auf den folgenden Seiten gezeigten Techniken können Sie Fantasiepapiere individuell gestalten.

Kiebitz- oder Sprenkelpapiere

Papiere durch Spritztechnik mit einem punktartigen Muster zu dekorieren, ist eine der einfachsten und ältesten Methoden der Buntpapiergestaltung. Schon Kleinkinder lernen diese Technik im Kindergarten.
Das Muster gleicht den fein gepunkteten Kiebitzeier, worauf auch der Name des Papiers zurückzuführen ist.

Material. Eine Zahnbürste mit festen Borsten, wasserlösliche Farben, ein Stab oder ein Spritzsieb, ein dicker Pinsel und farbig grundierte Papiere.

Anleitung. Je dickflüssiger die Farben, desto feiner die Sprenkelpunkte. Bei dünnflüssigen Farben werden die Punkte entsprechend groß.
Tauchen Sie die Zahnbürste in Farbe und streifen Sie sie mehrmals über das Spritzgitter. Die feinen Farbspritzer verteilen sich auf das darunter liegende Papier. Reizvolle Farbmuster erhalten Sie durch Aufspritzen mehrerer Farben oder durch Abstufungen der Farbschattierungen.

„TRENDHEFTE"
Dekorative Hefte aus ganz gewöhnlicher Verpackungswellpappe, farbig gestaltet als Sprenkelpapier, mit originellen Verschlüssen.

Eine andere einfache Methode, Sprenkelpapier herzustellen, ist das Arbeiten mit Pinsel und Holzstab. Nachdem der Pinsel dickflüssige Farbe aufgenommen hat, wird der Pinselstiel an dem Holzstab abgeklopft, dabei spritzen die Farbpunkte auf das Papier.
Zusätzlich gestalten können Sie das Papier durch die Verwendung von Schablonen. Diese werden vor dem Sprenkelvorgang auf das Papier gelegt. Bei mehrmaligen Wiederholungen entstehen interessante Abstufungen und Effekte, die geradezu zum Experimentieren einladen. Gut können vorgefundene Schablonen verwendet werden. Damit sind Gegenstände gemeint, die sich als Schablone benutzen lassen wie Spitze, Stoff und Papierdeckchen, Gräser und Blätter. Jeder flache Gegenstand kann als Positivschablone dienen.

Materialdruck

Im Rahmen der experimentellen Drucktechniken spielt der Materialdruck, auch Frottage genannt, eine große Rolle.

Jeder kennt das Verfahren, Geldstücke mit einem Bleistift auf Papier abzureiben. Beim Abreiben oder Abdrücken von Materialien werden Umrisse und Struktur sichtbar, es erscheint ein seitenrichtiges Bild. Im Gegensatz dazu wird beim Stempeln ein seitenverkehrtes Bild erzeugt. Dieser Effekt wird beim Herstellen von Materialdruckpapier genutzt. Dabei wird mit Farbe der Papierbogen abgerollt. Die erhöhten Stellen des Papiers nehmen die Farbe stärker an, sodass die Konturen des darunter liegenden Materials sichtbar werden.

Material. Schablonen, Kordel, Blätter oder Ähnliches, Linoldruckfarbe, eine Glasplatte, eine Gummiwalze und Papiere, die relativ dünn sein sollten.
Sehr gut eignen sich als Schablonen strukturierte Blätter, Gräser, Spitzen und Fäden. Allerdings können Sie auch aus Fotokarton Musterschablonen selbst anfertigen. Verwendet werden Linolfarben.

Anleitung. Siehe Fotos rechts.

1. Die Schablonen auf einem glatten Untergrund anordnen. Darüber einen Bogen Papier legen.

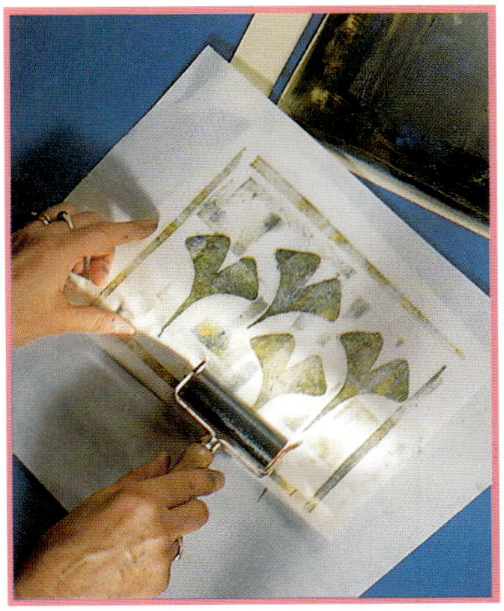

3. Die eingefärbte Walze auf Zeitungspapier leicht abrollen, dann mit etwas Druck über das Papier walzen. Umrisse und Struktur der Schablonen werden auf dem Papier sichtbar.

2. Wenig Linolfarbe auf eine Glasplatte geben, am besten gleich zwei unterschiedliche Farben. Mit der Gummiwalze die Farbe gut verteilen.

4. Durch mehrmaliges Wiederholen des Vorgangs mit jeweils neuen Farben und veränderter Anordnung der Schablonen können Sie Papiere mit interessantem Design und faszinierenden Farbabstimmungen gestalten.

Zeigen Sie nicht nur Fantasie beim Herstellen von Buntpapieren, sondern auch bei der weiteren Gestaltung.

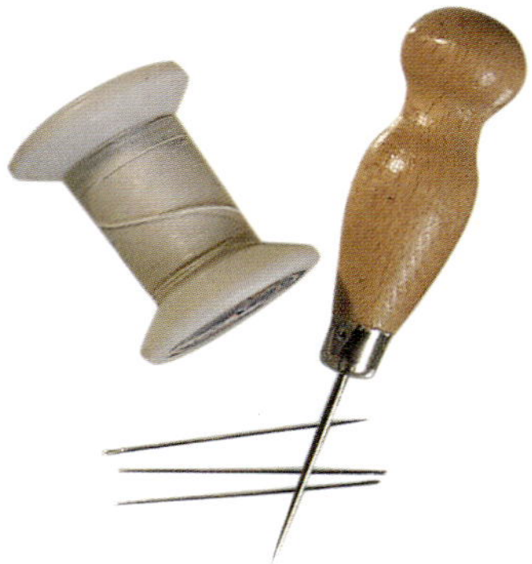

Gestaltung von Mappen

Eine ausgediente Sammelmappe wird durch eine interessante Verkleidung erneuert. Wellpappe in Größe der Mappe zuschneiden. Auf der Vorderansicht schneiden Sie das Passepartout aus und hinterkleben es mit dem ausgewählten Buntpapier. Nun bestreichen Sie die gesamte Mappe mit Buchbinderleim und kleben, an der Vorderseite beginnend, Wellpappe und Sammelmappe zusammen. Zum Schluss noch alle Ecken und Kanten mit dem Cutter ausgleichen.

Gestaltung von Grußkarten

Unerschöpflich sind die Gestaltungsmöglichkeiten von Grußkarten, hier verziert mit Pflanzenmustern.

Gestaltung von Heften

Auch schlichte Hefte können durch einen interessanten Einband neu gestaltet werden.

Material. Sie benötigen fünf DIN-A4-Bögen normales Schreibpapier, einen gleich großen Bogen leichten Fotokarton für den Einband, eine Ahle.

Anleitung. Bekleben Sie den Fotokarton mit Wellpappe und Schmuckpapier. Alle Bögen werden nun quer zur Mitte gefalzt und ineinander gesteckt. Mittels Fadenheftbindung (s. Skizze) verbinden Sie die Papierlagen miteinander. Die Löcher am besten mit der Ahle vorstechen. Die Fadenenden fest verknoten.

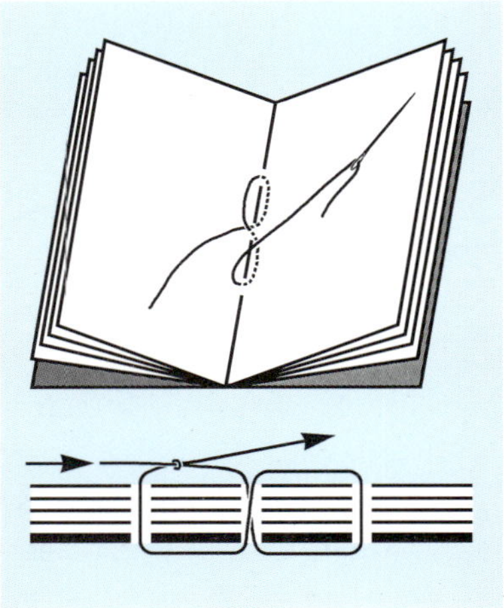

Gummirollendruck

Gummirollen gibt es mit sehr vielen und aufwendigen Mustern. Früher fanden sie Verwendung zum Dekorieren von Wohnräumen.

Material. Eine gemusterte Gummirolle kombiniert mit einer Farbrolle, Farbtablett, wasserverdünnbare Farbe, z. B. Plaka-, Linol- oder Abtönfarbe, verschiedene Papiere wie Pack- und Schreibpapier, Fotokarton, Kuverts, Plakate und Tüten.

Anleitung. Farbe auf das Farbtablett oder auf eine Glasscheibe geben und die Farbrolle damit tränken. Diese gibt dann beim Rollen gleichmäßig Farbe an die Musterrolle ab und das Muster wird auf das Papier übertragen. Diese Anordnung ermöglicht es, große Flächen in einem Durchgang zu bearbeiten. Sie können mehrfarbig, streifenweise, diagonal oder übereinander die Muster abrollen, Ihrer Fantasie sind keine Grenzen gesetzt.
Schon bald stellt sich mit dieser Technik Erfolg ein und Sie können nach Lust und Laune Papiere bedrucken.

Die Kunst, die aus der Rolle kommt.

ETUIS UND KUVERT
Weißer Fotokarton mit der Farbrolle leicht getönt und anschließend mit der Musterrolle bedruckt.

Für ein Etui den bedruckten Fotokarton zuschneiden, falten und kleben wie auf dem Vorlagenbogen gezeigt.

Gestempelte Buntpapiere eröffnen ein breites Spektrum an kreativen Möglichkeiten.

Stempeldruck

In der Geschichte des Buntpapiers spielen die gestempelten Papiere eine große Rolle. Brokatpapiere, Kattunpapiere und Holzmodelpapiere sind mit Hilfe von Stempeln gestaltete Buntpapiere.
Durch neue Materialien, wie Moosgummi, Styropor oder synthetischen Schwamm, wird die Anfertigung von Stempeln sehr erleichtert. Damit erschließt sich ein breiter Spielraum an Möglichkeiten zur kreativen Gestaltung von Druckpapieren.
Die Qualität des Stempeldrucks hängt von der Oberfläche des zu bedruckenden Gegenstands, der Art des Stempels und der Dichte der Farbe ab.

MATERIAL FÜR STEMPEL
Fertige Stempel können Sie im Fachgeschäft kaufen, reizvoller ist es natürlich, sie selbst herzustellen. Als Ausgangsmaterial für Stempel eignen sich Kartoffeln, Korken, Radier- und Moosgummi, Styropor, Gummiringe und selbst Rädchen von Spielzeugautos.

MATERIAL FÜR MOOSGUMMISTEMPEL
Holzklötzchen, Moosgummiplatten, 2 mm stark, Klebstoff oder doppelseitiges Klebeband, Schmirgelpapier, Holzknöpfe, Schere und Cutter, Kugelschreiber.

FARBE
Am einfachsten ist es, den Druckstock mit Hilfe eines Stempelkissens einzufärben. Sie können aber auch Wasser- oder Plakatfarbe verwenden, die mit Hilfe eines Pinsels aufgetragen wird. Eine andere Möglichkeit besteht darin, den Druckstock mit einer Linolwalze einzufärben.

Moosgummistempel

Der erste Schritt besteht darin, ein einfaches Motiv mit einem Kugelschreiber auf ein Stück Moosgummi aufzuzeichnen.
Das Muster mit einer spitzen Schere oder einem Cutter sorgfältig ausschneiden. Ich achte sehr darauf, die Umrisse exakt zu schneiden, denn so erhalte ich in einem Arbeitsgang zwei Stempel, die Positiv- und Negativform.
Mit Klebstoff oder Teppichklebeband befestigen Sie das ausgeschnittene Moosgummimotiv auf einem Holzklötzchen. Dabei bedenken, dass beim Stempeln ein spiegelverkehrtes Bild entsteht, was bei Ziffern und Buchstaben zu beachten ist.

Handlich und leicht zu bedienen sind Stempel mit einem Griff oder Holzknopf, diese sind im Baumarkt erhältlich.

Zum Drucken muss der Druckstock eingefärbt werden, dafür können Sie beispielsweise ein mehrfarbiges Stempelkissen benutzen. Schöne Farbeffekte lassen sich durch Einfärben mit der Linolwalze erzielen. Dazu Linolfarbe auf eine Glasplatte geben, mit der Walze gleichmäßig verteilen und den Druckstempel durch Abrollen damit einfärben.
Den eingefärbten Stempel fest auf die Papierfläche drücken, damit ein sauberer Abdruck entsteht.
Zum Bedrucken können Sie alle Papiere benutzen, weiße Blätter bekommen durch vorheriges Abrollen mit einer farbigen Gummiwalze eine bessere Farbstimmigkeit.
Mit Stempeldruck können sehr gut alte Muster wie Mäander-Ornamente oder Spiralmuster umgesetzt werden.

Wie vielseitig gestempelte Papiere Verwendung finden können, zeigen die hier abgebildeten Beispiele.

Eine neue Drucktechnik, die dem Linoldruck sehr ähnlich ist, wird durch den Polyblock ermöglicht.

MATERIAL
Polyblockzuschnitte, Kugelschreiber, Glasplatte, Gummiwalze, Linoldruckfarbe.

ANLEITUNG
1. Mit dem Kugelschreiber oder einem anderen spitzen Gegenstand zeichnen Sie das Motiv in den weichen Kunststoff.

2. Linolfarbe auf eine Glasplatte geben und mit der Farbwalze auf dem Polyblock abrollen. Legen Sie die eingefärbte Platte auf das Papier und drücken Sie von der Rückseite fest an.

Polyblockdruck

Hauptmerkmal ist die einfache Handhabung, die ein weites Anwendungsgebiet erschließt.
Der Polyblock ist eine feine Styroporart in Form einer Platte, die als Stempel verwendet wird.
Die Styroporplatten lassen sich mit der Schere zum gewünschten Format schneiden.
Das Motiv wird einfach mit einem Kugelschreiber in den Kunststoff eingedrückt.
Zum Drucken wird der Polyblock genau wie beim Linoldruck mit einer Farbwalze eingefärbt.
Die Technik des Polyblockdruckes ist auch für Kinder im Grundschulalter gut geeignet, da die Verletzungsgefahr, im Gegensatz zum Schneiden von Linoldruckstempeln, hier nicht gegeben ist.
Der Stempel ist mehrfach zu verwenden. Für sehr feine Linien ist er allerdings weniger geeignet.
Besonders reizvoll ist der Abdruck auf schwarzem Papier. Hierfür müssen die Farben mit Deckweiß gemischt werden.

Mikrowellpappe gibt es in vielen schönen Farben, sie ist ein reines Recyclingprodukt und damit ein idealer Werkstoff für umweltfreundliches Gestalten.

Mikrowellpappe

Diese neue Wellpappe ist eine wesentliche Verbesserung im Vergleich zur herkömmlichen Pappe, was Stabilität und Druckfestigkeit betrifft.
Gerade in Verbindung mit Buntpapieren ist Mikrowellpappe ein hervorragend geeignetes Material. Die offene Wellenstruktur erzeugt eine dreidimensionale Wirkung.

Spiralbücher

Zwei Buchdeckel aus Wellpappe zuschneiden. Auf der Vorderseite ein Passepartout ausschneiden und das Buntpapier dahinter kleben. Einfacher ist es, das Buntpapier direkt auf die Wellpappe zu kleben.

Die beiden Buchdeckel zusammen mit den Innenseiten, einem Stapel aus weißem Schreibpapier, mit einer Spiralbindung zusammenfügen. Spiralbindungen bekommen Sie preiswert im Copyshop.
Die folgende einfache und dekorative Bindung können Sie selbst anfertigen.
Zwei Schlaufen aus Bastschnur, die durch den Buchdeckel und die Innenseiten geführt werden, anbringen und mit einem Bambusstäbchen zusammenhalten.

Hefte mit Durchblick
Einen Bogen Wellpappe im Format DIN A4, ein gleich großes Buntpapier sowie fünf Blätter Schreibpapier passgenau in der Mitte falten und mit einer Fadenheftung zusammenbinden (siehe Seite 41). Auf der Vorderseite ein Fenster, dessen Format Sie beliebig wählen können, ausschneiden. Als Durchblick kommt das dahinter liegende Buntpapier zum Vorschein.
Ungleiche Kanten können mit der Schneidemaschine ausgeglichen werden.

Ob für liebe Grüße oder Geschenke – das ganze Jahr über gibt es Anlässe fantasievolle Buntpapiere einzusetzen.

Weihnachten

Zu kaum einem anderen Anlass im Jahr wird so viel geschrieben und geschenkt wie zur Weihnachtszeit. Ihren Glückwünschen und Geschenken können Sie eine ganz persönliche Note verleihen, indem Sie selbst gemachte Karten und Geschenkpapiere verwenden.

Grußkarten

Im Folgenden ein Vorschlag zur schnellen und preiswerten Gestaltung von dekorativen Grußkarten.

Material. Weiße und blaue Faltkarten, Farbe und Schwamm, Buntpapier, ein Stern-Motivlocher.
Als Ausgangsmaterial für das benötigte Buntpapier eignen sich Zeitungsausschnitte, Notenblätter oder Fotokopien davon und andere dekorative Textpapiere.

Anleitung. Mithilfe eines Haushaltsschwammes oder eines dicken Pinsels färben Sie großzügig das Papier ein. Sie können dafür alle wasserlöslichen Farben verwenden. Wischen Sie eine oder mehrere Farben dünnflüssig so auf, dass der Text noch teilweise sichtbar ist, das erzeugt Spannung und löst Neugierde aus. Das Buntpapier trocknen lassen und auf der Rückseite mit dem Bügeleisen glätten. Wählen Sie nun einen interessanten Ausschnitt aus dem Buntpapier, schneiden Sie ihn zu, stanzen Sie mit dem Motivlocher noch Sterne aus und dekorieren Sie damit die Karte. Sinnvoll ist es, gleich mehrere Karten herzustellen. Ein besonders gut gelungener Bogen Buntpapier kann auch als Geschenkpapier Verwendung finden.
Eine weitere Möglichkeit besondere Weihnachtskarten zu gestalten ist der Materialdruck, der auf Seite 38 beschrieben ist. Als Abdruckmaterial verwenden Sie verschieden große Sterne, die aus leichtem Fotokarton ausgeschnitten werden.
Das so entstandene Buntpapier wird über eine weiße Faltkarte geklebt. Besonders geeignet sind weiße, unbeschriftete Karteikarten in der Größe DIN A5, die gefaltet in jedes Kuvert passen.

Geschenkanhänger

Sterne aus Wellpappe ausschneiden, vergolden oder marmorieren. Sie sind ideal als Geschenkanhänger und dienen zum Dekorieren der Geschenkverpackung.

Geschenke

Ein klassisches Fotoalbum, gefüllt mit den Fotos eines besonderen Ereignisses, ist immer ein sehr individuelles Geschenk.
Dekoriert mit handgemachtem Buntpapier gewinnt es noch an Reiz.
Das Material können Sie im Fachgeschäft als fertigen Bausatz kaufen.
Nach dem Zusammenbauen schneiden Sie einen Bogen Marmorpapier in der Größe des Albumdeckels zu und kleben ihn auf die Vorderseite.
Sie können ein Album auch selbst fertigen. Dazu werde ich Ihnen einige stichpunktartige Anleitungen geben, ohne jedoch ins Detail zu gehen.
Dies würde den Rahmen des Buches überschreiten.

Material. Graupappe, Buntpapier, Gewebeband, Pinsel und Leim, Buchschrauben, Fotokarton, Locher, Cutter, Schere und Lineal.

Anleitung. Graupappe für die beiden Albumdeckel nach dem Vorlagenbogen zuschneiden. Sie erhalten zwei große Pappen und zwei schmale Streifen, die Scharnierdeckel.
Jeweils Pappe und schmalen Streifen durch Aufkleben des Gewebebands verbinden. Die vorderen Ecken des Albums mit Gewebeband verstärken. Nun schneiden Sie die Albumeinlage aus Fotokarton zu, falzen diese an der Schmalseite und lochen mit dem Locher. Den vorderen Albumdeckel mit einem Buntpapier beziehen und an der Innenseite ein Vorsatzpapier aufkleben.
Die beiden Scharnierdeckel ebenfalls lochen.
Die Buchschrauben von außen in einen der Deckel einstecken und die Albumeinlage und den zweiten Deckel einordnen.
Die Schraubenmuttern aufsetzen und festschrauben.

Blau – Weiß

Blau – Weiß ist eine harmonische und frische Farbkombination, die ich sehr gerne bei meinen Arbeiten verwende.

Schreibbrett
Ein schlichtes Schreibbrett mit Marmorpapier beziehen, ein dazu passendes Heft gestalten und Sie haben ein reizvolles Geschenk geschaffen (Hefte siehe Seite 41).

Papierschale
Eine aus Pappmaché geformte Schale mit Fragmenten von Marmorpapier bekleben, wobei die Papierschnipsel mosaikartig angeordnet werden. Zum Schluss die Schale mit einer stark verdünnten weißen Lasurfarbe bestreichen.

Puzzlespiel
Nicht nur bei Kindern, sondern auch bei Erwachsenen ein beliebtes Legespiel. Marmorpapier mit seinen fließenden floralen Mustern eignet sich sehr gut zum Bau eines Puzzles. Dazu einen Bogen Marmorpapier auf eine Graupappe aufziehen, die Rückseite des Pappkartons mit einem unifarbenen Papier bekleben. Nach einigen Stunden Trockenzeit ein Gitter von gleich großen Quadraten aufzeichnen und mit Lineal und Cutter sorgfältig schneiden.

Die Collage ist eine Bildkomposition, die aus vielen Papiereinzelteilen besteht.

Bei der Herstellung von Buntpapieren sammelt sich sehr bald ein großer Bestand von interessanten Papieren an. Aus diesem reichhaltigen Fundus an Farben und Formen können Sie für Ihre Collagen auswählen.

Bevor Sie anfangen eine Collage zu gestalten, sollten Sie eine ungefähre Vorstellung davon haben, was Sie darstellen möchten, zum Beispiel eine Landschaft, ohne bereits ein genaues Endbild vor Augen zu haben.

Wählen Sie aus Ihrem Buntpapierfundus interessante und gut strukturierte Papiere aus, zerreißen Sie diese in unterschiedlich große Fragmente und komponieren Sie nun auf einer Unterlage aus Fotokarton aus diesen Einzelelementen Ihr Bild. Variieren und verändern Sie es immer wieder, bis das Bild Ihren Vorstellungen entspricht, und kleben Sie dann diese Anordnung auf die Unterlage.

Die gezeigte Umsetzung ist inspiriert vom Rhônegletscher.

Papierschale

Schalen aus Buntpapier zu gestalten ist unkompliziert und kreativ zugleich.

Material. Abformschale, Zeitungspapier, Tapetenkleister, Strohseide, Buntpapiere, zwei Styroporkugeln.

Anleitung. Die Außenseite eines Abformgefäßes, hier im Beispiel war es ein Wok, mit dünner Folie abdecken. Aus Zeitungspapier etwa 2 cm breite Streifen reißen und diese in dickflüssig angerührten Tapetenkleister tauchen. Die getränkten Streifen um das Gefäß legen, bis die gesamte Fläche mit Papierstreifen bedeckt ist, dabei fest andrücken. In gleicher Weise eine zweite Schicht darüber legen. Trocknen lassen, bevor weitere Schichten aufgelegt werden, dadurch wird die Bildung von Luftblasen verhindert. Je mehr Schichten Sie auftragen, desto stabiler wird die Schale. Für die äußere Schicht habe ich bei der abgebildeten Schale Japanpapier und Strohseide benutzt, gemischt mit Fragmenten von Buntpapieren.

Kugeln

Styroporkugeln in gleicher Weise wie oben beschrieben mit Buntpapier verkleiden und als Collage gestalten.

Tipps und Hinweise

Nach einer Fülle von Vorschlägen zur Buntpapierherstellung und Anwendungsmöglichkeiten möchte ich Ihnen noch einige Tipps und Hinweise geben.
Die Herstellerhinweise sind nur als Vorschläge zu verstehen, ich habe mit deren Produkten gute Erfahrungen gemacht.

Papiere. Zur Herstellung von Buntpapieren sind vor allem feste Papiersorten geeignet, wie zum Beispiel: Pack- und Schreibpapier, dünner Zeichenkarton und Ingrespapier. Beschichtete Papiere eignen sich hierfür nicht, da sie die Farbe nicht annehmen.

Knicken und Falzen von Papieren. Industriell hergestellte Papiere haben eine sogenannte Laufrichtung, in der das Knicken und Falzen erfolgen sollte. Erkennen können Sie diese Richtung am geringeren Widerstand, wenn Sie das Papier in Längs- und Querrichtung biegen.

Wellpappe. Die neue Mikrowellpappe ist stabil, druckfest und in vielen schönen Farben erhältlich, seit kurzem gibt es durchgefärbte Wellpappe.
Firma Baldus-Versand,
Postfach 1112, 48268 Greven.

Karton und Pappe. Zum Anfertigen von kleinen Schachteln und Etuis können Sie Fotokarton benutzen. Für größere Schachteln und für Buch- oder Mappendeckel ist Graupappe in der Stärke 1,5 oder 2 mm geeignet. Sollte Ihnen das Zuschneiden zu mühsam sein, können Sie Fertigbausätze in Fachgeschäften erhalten. Oder z. B. bei: Dorfgemeinschaft Lautenbach, 88634 Herdwangen-Schönach oder Firma P. Baumgartner, 79112 Freiburg.

Schnittmuster. Diese entnehmen Sie dem Vorlagenbogen, wobei Sie die Schnittgröße selbstverständlich nach eigenen Vorstellungen variieren können.

Farben. Zur Herstellung von Buntpapieren eignen sich alle wasserlöslichen Farben, sie sind schnell trocknend und umweltfreundlich.

Marmorierfarben. Im Handel erhältlich sind eine Reihe von speziellen Marmorierfarben. Allerdings gibt es Unterschiede in der Zusammensetzung und Anwendung. Achten Sie auf die Beschreibung.

Marmorierfarbe auf Ölbasis. Künstlerölfarbe, mit Terpentin verflüssigt, kann auf normalen, dünnflüssigen Kleister aufgetragen werden. Gute Ergebnisse erzielen Sie, wenn Farbe und Kleister leicht erwärmt sind, die Farben fließen dann besser. Ölmarmorierfarbe von: Javana, Firma Kreul,
91352 Hallerndorf.

Marmorierfarbe auf wasserlöslicher Basis. Diese Farben sind einfacher zu handhaben als Ölmarmorierfarben. Sie sind geruchsfrei und in vielen Farbtönen erhältlich, allerdings erfordern Sie einen speziellen Marmoriergrund. Erhältlich von: Deka-Marble, Firma Deka, 82001 Unterhaching oder Javana, Firma Kreul, 91352 Hallerndorf.

Buchbindematerialien. Diese erhalten Sie in Fachgeschäften, in Buchbindereien oder bei:
Firma Schmedt, 21035 Hamburg.

Buchbinderleim. Ich benutze den Buchbinderleim „Planatol", einen

Leim, der schnell abbindet, gut klebt und wasserlöslich ist. Für kleine Arbeiten oder für Karten eignen sich auch Klebestifte oder Weißleim.

Musterrollen. Alte Musterrollen kann man manchmal noch auf Flohmärkten finden. Die gezeigten Musterollen gibt es bei: Firma Hecht, Postfach, 91596 Burk.

Polyblock. Dieses styroporähnliche Material wird für den Schulunterricht angeboten bei: ALS Verlag, 63128 Dietzenbach.

Literaturquellen
Papierschöpfen
Buntpapiere selber machen
Buchbinden und Papparbeiten
Alle Bücher aus dem Ravensburger Buchverlag

Museen
An dieser Stelle möchte ich gerne noch einige Museen erwähnen, die reichhaltige Buntpapiersammlungen besitzen.

- Aschaffenburg – Schloßmuseum
- Berlin – Staatliche Museen, Kunstbibliothek
- Düsseldorf – Goethemuseum
- Frankfurt/M – Museum für Kunsthandwerk
- Kassel – Tapetenmuseum
- Leipzig – Deutsche Bücherei
- München – Bayerisches Nationalmuseum
- München – Deutsches Museum
- Stuttgart – Landesmuseum

Zur Autorin
Traudel Hartel ist in der Museumspädagogik (Museum für Kunsthandwerk, Frankfurt) sowie in der Erwachsenen- und Lehrerfortbildung tätig. Sie ist Autorin mehrerer Bücher und freie Mitarbeiterin bei verschiedenen Magazinen im Kreativbereich. Im Mittelpunkt Ihrer Arbeiten stehen Papier- und Textilanwendungen, bei denen viele Techniken kombiniert zum Einsatz kommen. Damit zeigt sie neue Wege für kreatives Gestalten auf. Für ihre Arbeiten erhielt Frau Hartel zahlreiche Preise.

Im Ravensburger Buchverlag sind von Traudel Hartel folgende Bücher erschienen:
Papierschöpfen
Patchwork creativ
Verpacken und Verschenken
Buntpapiere selber machen

Ravensburger®
Kreatives Gestalten

Johanna Huber/
Christel Claudius
Das lustige Papierfaltbüchlein
Das Buch erklärt die Grundbegriffe des Faltens und gibt viele Anregungen. So entstehen nicht nur Möbel für die Puppenstube, sondern auch eine ganze Stadt.
124 Seiten.
ISBN 3-473-**43129**-X

Renate Weinberger/Gaby Weichesmüller
Osterschmuck
Mit Vorlagenbogen
Dieses Buch bietet ein ideenreiches Spektrum an österlichen Dekorationen, darunter buntgeschmückte Ostereier, attraktive Nester und Verpackungen, festlicher Schmuck für den Tisch und die Wand.
64 Seiten.
ISBN 3-473-**42576**-1

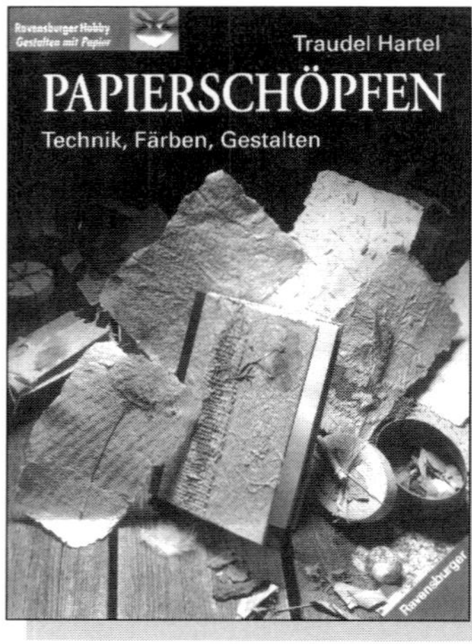

Traudel Hartel
Papierschöpfen
Technik, Färben, Gestalten
Papier-Kreationen aus eigener Herstellung: strukturiert, gefärbt, gestaltet. Mit vielen Anwendungen.
63 Seiten.
ISBN 3-473-**45625**-X

Traudel Hartel
Verpacken und Verschenken
Mit Vorlagenbogen
Viele Ideen und Anregungen, mit einer originellen und phantasievollen Verpackung, Geschenken eine ganz persönliche Note zu geben.
64 Seiten.
ISBN 3-473-**42574**-5

® Ravensburger